No.2

再生可能エネルギー 農村における生産・活用の可能性をさぐる

榊田 みどり・和泉 真理◇著
鈴木 宣弘 ◇監修

監修者巻頭言：自分たちの地域を守るのは自分たち

ＪＣ総研所長　鈴木宣弘

ヘレナ・ノーバーグ＝ホッジさんは、『いよいよローカルの時代～ヘレナさんの「幸せの経済学」』（ヘレナ・ノーバーグ＝ホッジ、辻信一、大月書店、２００９年）のなかで次のように述べています。

現代の大きなゲームには、社会、政府、そして今や空中大帝国のように君臨し相互に連携する多国籍企業、という3人のプレイヤーがいます。ゲームのルールは、すべての障害物を取りのぞいて、ビジネスを巨大化させていくということ。多国籍企業は巨大化していくために、それぞれの国の政府に向かって、「ああしろ」、「こうしろ」と命令する。住民たちがなんと言おうと、スーパーマーケットを超えたハイパーマーケットをつくるためには、もっともっと巨大で速いスピードの流通網をつくっていく。こういう全体図を描いてみれば、私たちの民主主義がいかに空っぽなものになってしまっているかが分かると思います。選挙の投票によって私たちがものごとを決めているかのように見えるけど、実際にはその選ばれた代表たちが、さらに大きなお金と利権によって動かされ、コントロールされているわけだから。しかも多国籍企業という大帝国が、新聞やテレビなどのメディアと、科学や学問といった知の大元を握って、私たちを洗脳している。私たちはとても不利な状況の中に、完全に巻きこまれてしまっている。恐ろしいことに、この多国籍企業には富が集中しすぎていて、ひとつの国よりも資金をもっているほど（156～157頁）。

やや極端な言い回しではありますが、グローバル化の正体をよく表しているように思います。日本でも、総合的、長期的視点の欠如した「今だけ、金だけ、自分だけ」しか見えない人々が国の将来を危うくしつつあるように思えます。自己の目先の利益と保身しか見えず、周りのことも、将来のことも見えていない。人々の命、健康、暮らしを犠牲にしても、環境を痛めつけても、短期的な儲けを優先する、ごく一握りの企業の利益と結びついた一部の政治家、一部の官僚、一部のマスコミ、一部の研究者が、国民の大多数を欺いて、ＴＰＰ（環太平洋連携協定）やそれと表裏一体の規制改革、超法規的に風穴を開ける国家戦略特区などを推進しています。これ以上、一握りの人々の利益さえ伸びれば、あとは顧みないという政治が強化されたら、日本が伝統的に大切にしてきた助け合い、支え合う安全・安心な地域社会は、さらに崩壊していくでしょう。

「農業は過保護だからＴＰＰでショック療法しかない」といった農業攻撃の本質も、農業を悪者にすることによって、貿易自由化を進めることで利益を得る輸出産業や海外展開している企業の側に属する人々の事実に反する意図的なネガティブ・キャンペーンの側面が強いことを認識する必要があります。「既得権益を守るために規制緩和に抵抗している」という攻撃も常套手段ですが、それこそ「自分だけ、今だけ、金だけ」しか見えぬ人達が市場を奪おうとしている本音を見抜くべきでしょう。

ＴＰＰ交渉に絡んで、全国の郵便局でアメリカの大手保険会社の保険を販売すると約束させられた「かんぽ生命事件」でも明らかなとおり、アメリカ企業の「競争条件を対等に」は名目であり、要するに「市場の強奪」なのです。アメリカ（日本も）の金融・保険会社が、ＪＡ共済やＪＡバンクに、地域の信頼を得て集まる資金を奪おうとするのも同じです。

産業競争力会議などでも、市場を奪いたい側のプレイヤーがレフリー役を務め、「イコールフッティング（対等な競争条件）」の名目の下に、既存の農業サイドの人達を不当に攻撃して、自分たちに有利に仕組みを変えてしまおうとしています。農地中間管理機構に対する注文も、既存の人々の努力を無視して、強権的に所有権を放棄させて、農地を集積するというなら、これは規制緩和でなく強化であり、そうして、平場の条件の良い地域に絞って優良農地を無理やり集積して、土地も整備して企業に使わせて下さい、という「規制を強化してでも自分たちに市場をよこせ」という虫の良い筋書きが透けて見えます。そこには、自分たちの儲けしか眼中になく、地域社会の持続的発展や、食料自給率を維持して国民に食料を量的に確保するという発想はありません。

安倍総理の「10年で農業所得倍増」計画にも驚くしかありません。ＴＰＰに参加して、どうやって農業所得が倍増できるのでしょうか。すでに日本農業は「過保護」ではないから「過保護な農業を競争にさらせば、強くなって輸出産業になる」という類の議論は前提となる事実認識が誤っています。だから、ＴＰＰに参加して、その流れを加速・完結してしまったら、「攻めの農業」や農業の体質強化どころか、その前に息の根を止められてしままいかねません。

しかし、どうもこういうことらしいのです。99%の農家が潰れても、1%の残った企業的農業の所得が倍になったら、それが所得倍増の達成だと。しかし、そこは、伝統も、文化も、コミュニティもなくなってしまっています。それが日本の地域の繁栄なのでしょうか。また、企業が手を出さないような非効率な中山間地は、そもそも税金を投入して無理に人に住んでもらう必要がないから、原野に戻したほうがいい、というくらいの発想に見えます。しかも、地域コミュニティが崩壊し、買い手もいなくなってしまったら、残った自分達も結局は長期的には持続できないことにも気づかないのです。

環境からの大きなしっぺ返しが襲ってくるコストも考慮されていません。環境負荷のコストを無視した経済効率の追求で地球温暖化が進み、異常気象が頻発し、ゲリラ豪雨が増えました。狭い視野の経済効率の追求で、林業や農業が衰退し、山が荒れ、耕作放棄地が増えたため、ゲリラ豪雨に耐えられず、洪水が起きやすくなっています。全国に広がる鳥獣害もこれに起因します。すべて「人災」なのです。

しかし、こうした「1%」ムラが、国民の大多数を欺いて、「今だけ、金だけ、自分だけ」で事を運んでいく力は極めて強力で、一方的な流れを阻止することの困難さを痛感させられます。それでも、我々は、このような流れに飲み込まれないように踏ん張って、自分たちの地域と暮らしを守っていかねばなりません。その方策を考えなくてはなりません。そのための一つの方向性は、地域生活の柱となる食料とエネルギーを可能な限り自給できるシステムを構築し、自分たちの地域を自分たちの力で守っていくことではないでしょうか。農林水産業とエネルギー生産を一体的に取り組めば、地域資源を最大限に循環させつつ、地産地消・旬産旬消＋再生可能エネルギーによって、環境に優しく持続的な地域社会を守ることができます。

本書は、このような地域発展の方向を推進するために、ＪＣ総研が企画したプロジェクト研究の一端をまとめたものです。本書には、農林水産業と再生可能エネルギー生産を一体的に推進していくための実践的なヒントがちりばめられていますので、多くの方々に活用していただければ幸いです。

序章　農村で取り組む再生可能エネルギーの意義

２０１１年3月の東日本大震災と福島第一原発事故を機に、原発に依存してきた日本のエネルギー政策は、見直しを迫られています。２０１１年8月には、再生可能エネルギー特別措置法が成立。翌12年7月、固定価格買取制度がスタートしたことで、メーカーや商社、不動産会社など、技術力、資本力、土地を持つ企業によるメガソーラー発電、メガ風力発電の建設が相次ぎ、再生可能エネルギーは、新たな時代を迎えました。同時に、エネルギー資源や土地の豊富な農村に熱い視線が送られています。

問題は、これらの「再生可能エネルギーブーム」が、農村や農業者にどれだけメリットをもたらすかです。震災以前も以後も、大型発電事業は、都市部に本社を置く大手資本によるものが大半です。農村は土地などの資源を提供するだけで、発電・売電による利益の大半は都市の大手資本に流れます。しかも、地元で発電した電力が地元に優先的に還元されるわけではありません。都市部への供給を前提に構築されている既存の送電網を通じて、首都圏に送られるだけです。これでは、エネルギー供給の構造は従来と変わらず、原発が再生可能エネルギーに交代するだけの話です。

農村が本当の意味で地域資源を自ら生かし、再生可能エネルギーを地域活性化につなげるためには、農業者や地域が主体となって発電プラントを所有し、まずは地域住民のための電力を優先的にまかない、余剰電力の売電で生じる利益を地元が享受するシステムを構築することが必要です。言い換えれば、農村は、地域資源を自ら活かし、身の丈にあった等身大のプラント建設による、エネルギー自給、エネルギーの地産地消を目指すべきだと考えます。

本書では、その視点から、農業者や地域が主体となって再生エネルギーの活用を実践している身近な事例を紹介していきたいと思います。今回は、農村にとって身近な再生エネルギーとして、バイオマスにテーマを絞り、畜産糞尿を活用したバイオガスプラント、木質ペレットボイラー・ストーブ、もみ殻ボイラー、をめぐる動きを取り上げました。

畜産バイオマスでも木質バイオマスでも、活用を考えたとき、最大の課題はコスト問題です。固定価格買取制度の施行を前に、資源エネルギー庁が各再生エネルギーの1キロワット当たりの費用を算出・公表していますが、バイオマスの発電コストは、他の再生エネルギーに比べて高くなっています。しかし、バイオマス資源は、農林業の営みの中にあり、発電効率だけでなく、農林業のあり方や社会システム全体のなかで、その価値を考えるべきものだと思います。発電によって生まれる熱を地域でどう利用するかというコ・ジェネレーション・システム、木質ペレットの地域消費を確保するためのボイラー・ストーブ開発、畜産バイオマスから生成される消化液を地域の圃場に還元する仕組み。これら、「出口」問題も含めて、無駄なくエネルギーを使いこなすシステムを構築できれば、メリットは大きくなるはずです。

つまり、バイオマス利用によるエネルギーの効率的な地産地消の実現のためには、個別の発電技術以上に、エネルギーや副産物を利用するシステム構築が重要ということです。そのためには、農業の力、地域内での連携など、「地域の力」が大きなカギになることを、本書から感じ取っていただき、農業経営や地域エネルギービジョンの参考にしていただければ幸いです。

1章　環境三法と畜産バイオマス発電の広がり

畜産バイオマス発電が脚光を浴びるようになったのは、１９９９年、農業関連環境三法のひとつとして、畜産糞尿の野積みや素堀りため池での保管を禁止する「家畜排せつ物の管理の適正化及び利用の促進に関する法律（家畜排泄せつ物法）」が施行されたことが、背景にあります。２００４年、同法が本格施行に移行したのを期に、その傾向はさらに強まりました。

農水省によると、全国で発生する家畜排せつ物は、２０１３年で約８２９５万トン。このうち約８０００万トンは、堆肥化による農地還元が行われており、残り１割は焼却処理されていると見られます。ただし、畜産の大規模集約化が進んだ現在、畜産農家は九州や北海道など特定の地域に集中。畜産農家数と、堆肥を利用する耕種農家数に大きなギャップがあり、堆肥の需給バランスを地域内でとるのは容易ではありません。かといって、単価の安い堆肥は遠隔輸送しても採算がとれません。

現場を回っていると、畜糞処理に追われ、完熟発酵していない堆肥をそのまま農地に還元してしまうケースも少なくない現状が見えてきます。悪臭や水質汚染だけでなく、散布した圃場の作物への悪影響も懸念されます。近年、畜産バイオガスプラントが注目されているのは、新たな発電施設の可能性だけでなく、環境負荷をなるべくかけない畜糞処理方法としての価値が高く評価されているからでもあります。

家畜排せつ物処理法の施行以前は、１９９８年、京都府八木町（現・南丹市）が、デンマークをモデルに「八木町バイオエコロジーセンター」を建設。畜産糞尿の発酵時に発生するメタンガスを利用する畜産バイオガス発電プラントを稼働させるなど、ごく一部で先駆的な取り組みが見られた程度でした。しかし、同法が本格施行された04年以降、この動きが広がります。例えば、岩手県雫石町では、小岩井農場を経営する小岩井農牧㈱と三菱重工業㈱、自治体などが出資する㈱バイオマスパワーしずくいしが設立され、翌05年、プラントを稼働。07年には、北海道鹿追町が、1日の糞尿処理量で約95トン（成牛約1300頭分）、1日の発電量4500キロワット時という国内最大規模の畜産バイオガスプラントを稼働させています。発電機の稼働で発生する熱で温水を作り、プラントの発酵槽の加温やサツマイモ苗などのハウス加温に使用。13年度は、この温水をフル活用するため、新たに温水蓄熱槽や冬期のマンゴー栽培用ハウス、チョウザメ養殖池、サツマイモの貯蔵庫の増設に着手していま す。

ちなみに、北海道と並んで畜産県の多い九州では、糞尿のメタン発酵によるバイオガスプラントではなく、畜糞をそのまま燃やし、その焼却熱で発電する大規模プラントが話題を呼んでいます。03年、九州電力グループの西日本環境エネルギー㈱が、宮崎県川南町で、地元養鶏農家やブロイラー企業などと「みやざきバイオマスリサイクル」を設立し、05年、鶏糞の焼却熱を利用した発電施設を稼働。11年には、やはり宮崎県の飼料・肥料製造会社の南国興産（都城市）が、同様の家畜糞尿の焼却発電施設を稼働しています。一言に畜産バイオマス利用といっても、さまざまな形があるわけです。

今回は、メタン発酵によるバイオガスプラントに話を絞ります。バイオガスプラントには、鹿追町や八木町のように、地域で大規模プラントを設置する「協同集中型」と、農家個人が設置する「個人型」があります。もちろん、地域ぐるみのシステムができれば理想的ですが、協同集中型の場合、プラント建設には10億円単位のコストがかかります。また、地域内の畜産農家から畜産糞尿を集荷する糞尿回収コスト、糞尿の発酵によって生成される液肥（消化液）の輸送や大型散布機械が必要になるなど、実需者への供給コストも大きな課題です。ある程度の資本力のある企業や自治体でなければ、なかなか取り組めず、しかも、消化液を散布する圃場を確保するための地域内耕畜連携システムの構築が必要になるなど、調整しなければならない課題もたくさんあります。

このような「協同集中型」システムではなく、畜産農家個人や中小規模の農業法人でも身近に取り組めるような「個人型」の畜産バイオガスの利用システムは成立するのか。コストはどれくらいかかるのか。実践する上での課題は何か。今回は、その視点で調査を始めました。

1　個人型バイオガスの黎明期

農家による個人型の小規模バイオガスプラントは、すでに90年代、有機農業の盛んな埼玉県小川町で複数登場しています。当時、NGOバイオガス・キャラバンを主宰していた技術者・桑原衛氏（後に小川町で就農。ぶくぶく農園経営）の呼びかけに応え、92年、田下農場（現・風の丘ファーム㈱）に小川町で第1号のバイオガスプラントが誕生。設置する農家本人も作業を手伝う手作りのプラントで、当時の設置費は50万円以下。個人でも取り組みやすいコストだけに、その後、同町で数戸の有機農家がバイオガスプラントを設置しました。

これらの農家を中心に、96年には、「小川町自然エネルギー研究会」が発足。同研究会を母体に、02年には、NPO法人「小川町風土活用センター（NPOふうど）」が、桑原氏を理事長に誕生しています。

小川町の個人農家が設置したバイオガスプラントは、容量8立方メートルの発酵槽を地下に設置し、畜糞や家庭から出る生ゴミなどを投入して嫌気性発酵させるというもの。発酵過程で発生するメタンガスは、脱硫装置を経由して、家庭での調理やガスストーブ、農場内のガス灯などに利用し、発酵後の液体（消化液）は、液肥として農地に還元しています。近年、一般的なバイオガスプラントのモデルは、原料を発酵させる発酵槽、発酵後の消化液を貯留する貯留槽など数種類の施設に分かれていますが、小川町の個人型バイオマスプラントは、発酵槽に直接糞尿を投入し、発酵槽に貯留槽の役割も担わせる、シンプルなものでした。

当時、小川町の有機農家の多くは、数頭の家畜を飼いながら耕種農業を営む、家族経営の有畜複合農業でした。個人で手に負える程度の畜糞がコンスタントに発生し、それに見合う面積の畑もあり、小規模な農園内で畜産と耕種農業のバランスがとれていたのです。ちなみに、ガス発生量は、牛なら畜糞1トン当たり平均約24立方メートル、豚では1トン当たり同8立方メートル。言い換えると、1日1立方メートルのガスを得るためには、牛なら1頭分、豚なら4頭分、鶏なら140羽分の畜糞が目安になります。

ただし、簡易プラントだけに、コンスタントに稼働させるには、メンテナンスにそれなりの技術と手間が必要のようです。また、畜糞の投入時に砂などの異物も混ざるため、発酵タンクの底に重量汚泥が沈殿し、業者に頼んで定期的に吸引してもらう必要もあります。

さらに、近年では、ＢＳＥ、口蹄疫など家畜の伝染病問題などもあり、と畜場の統合・大型化と管理強化が進み、小規模畜産の継続は難しくなりつつあります。小川町でも、近隣のと畜場がなくなり、他に小規模畜産の出荷を受け入れてくれると畜場がみつからずに畜産をあきらめ耕種専業になり、バイオガスプラントもいったん休止しているケースも見られます。畜産糞尿がなく、家庭や圃場から出る有機物だけでは、ガスの発生が安定しないようです。全国を見ても、このような小規模の個人型バイオガスプラントを導入しているケースは限られています。

2 北海道の畜産バイオガス取り組み状況

（1）十勝地域のバイオガスプラント稼働状況

畜産農家の中には、個人型プラントの設置を望む声が多いのではないか。畜産バイオガス発電の先進地、北海道の状況を調べてみることにしました。北海道では、05年には北海道バイオマスネットワークが、10年には北海道家畜バイオガスプラント事業推進協議会が設立されています。なかでも注目したのは、帯広市や鹿追町、士幌町など、酪農・畜産地帯の多い十勝地域です。04年には、十勝バイオマス利活用促進会議が誕生するなど、北海道のなかでもバイオガスへの取り組みが早かった地域です。

２０１２年、帯広市が十勝地域全体の「バイオガスプラントの稼働実績調査」の報告書を公表しています。家畜糞尿を原料にしている道内すべてのバイオガスプラントのヒアリング調査です。

同報告書によると、今まで北海道全体で建設されたバイオガスプラントは55基。このうち15基が十勝地域に集中しています。ただし、55基のうち11基は、現在稼働停止中、あるいはすでに撤去されており、その中には十勝地域の6基も含まれています（**図1**）。

また、バイオガスプラントの建設数は、２００４年をピークに、２００９年までは減少傾向が続いています。ただし、04年以降に建設されたものは規模が大きく、1プラント当たりの処理頭数は増加傾向にあると、同報告書では分析しています（**図2**）。

具体的に見ていくと、この55基のうち、乳牛の糞尿を主原料としているのが44基、豚の糞尿を主原料にしているのが11基。乳牛の場合、プラントを建設した農場の飼養規模は、１００～２００頭が16基と最も多いのですが、３００頭以上も8基あるなど、やはりスケールがちがいます。そのため、発酵槽のスケールも大きく、比較的規模の小さい鉄板製の発酵槽でも、平均容量は約３８０立方メートルと、小川町の小型プラントの5倍近くの大きさです。大規模プラントに使われるコンクリート製発酵槽の平均容量は、なんと８７４立方メートルもあります。

また、北海道の場合、冬期は消化液の圃場散布ができないため、消化液の貯留槽は、さらに規模が大きくなります。１００頭規模で１０００立方メートル前後、１００～２００頭規模で２０００立方メートル前後。３００頭以上の規模では、約1万立方メートルとなっ

図1　北海道のバイオマスプラントの分布

（バイオガスプラント稼働実績調査2012年・帯広市）

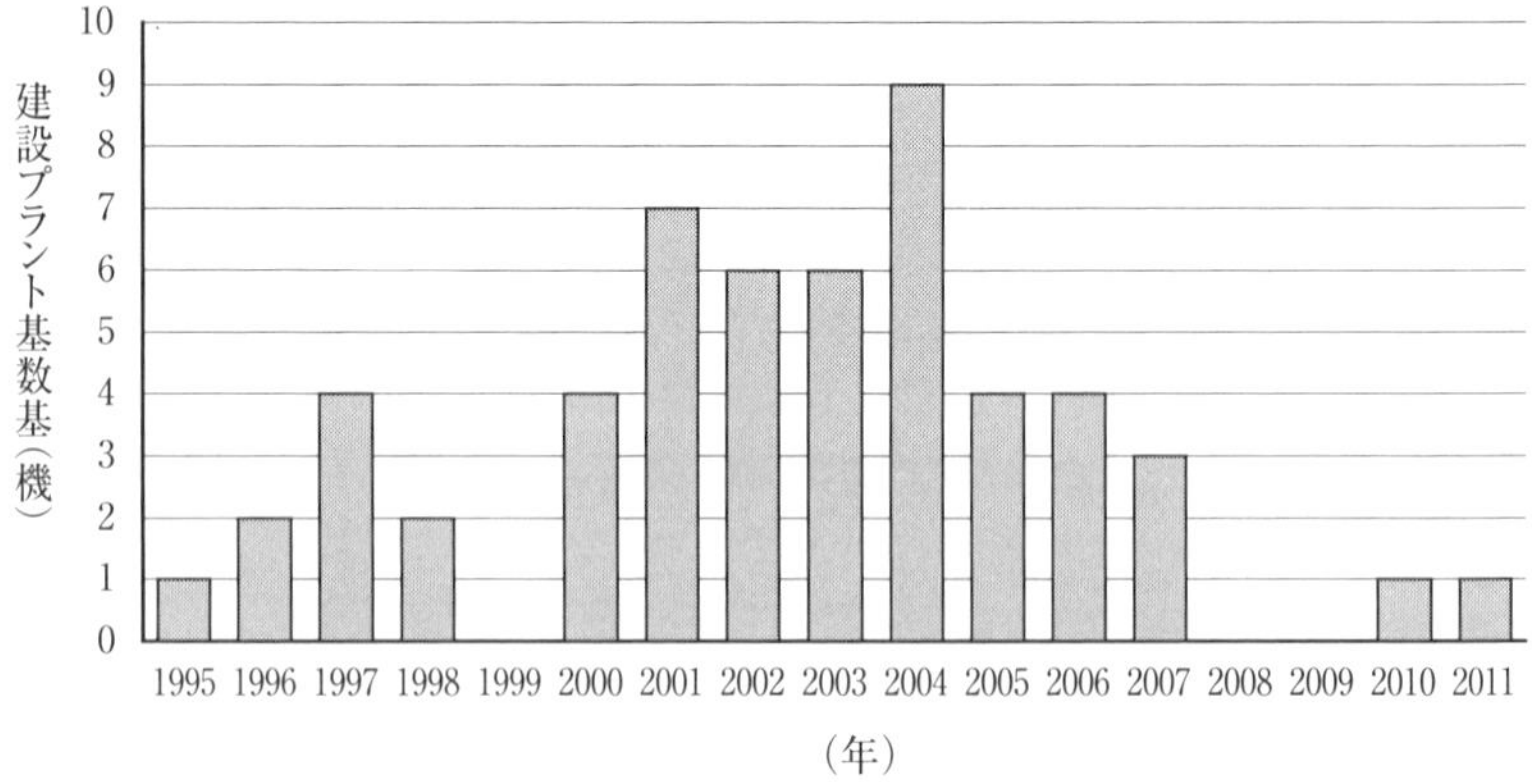

図2　北海道のバイオガスプラント建設数の推移

（バイオガスプラント稼働実績調査2012年・帯広市）

ていますが、これは、鹿追町環境保全センターの貯留槽が2万4000立方メートルと巨大で、平均値を引き上げているからです。

いずれにせよ、これだけの規模の施設を建設するには、かなりのコストがかかります。発電施設も併設すると、コストはさらに上がります。電力会社の送電線との連結など、売電のための施設整備にも高額な投資が必要で、発電機の運転コストも決して安くはないからです。資源エネルギー庁の試算によると、発電施設として考える畜産バイオガスプラントのコストは、建設費で1キロワット当たり392万円。運転維持費は1キロワット当たり年間18万4000円。建設コストも含めた1キロワット時の発電コストは、30円台後半で、太陽光発電や風力発電はもちろん、地熱、小水力、他のバイオマスに比べても破格の高さです。

北海道でも、すべてのバイオガスプラントが発電を行っているわけではありません。同報告書が作成された時点で、発電機を設置して発電しているのは21プラント。このうち売電事業を行っているのは13プ

表１　固定価格買取制度に基づく再生可能エネルギーの買取価格

電源		買取価格（1kWh あたり・税抜き）	買取期間
太陽光	10kW 以上	36 円	20 年
	10kW 未満（余剰買取）	38 円（税込み）	10 年
風力	20kW 以上	22 円	20 年
	20kW 未満	55 円	20 年
地熱	1.5 万 kW 以上	26 円	15 年
	1.5 万 kW 未満	40 円	15 年
中小水力	1,000kW 以上 3000kW 未満	24 円	20 年
	200kW 以上 1000kW 未満	29 円	
	200kW 未満	34 円	
バイオマス	ガス化（下水汚泥）	39 円	20 年
	ガス化（畜産糞尿）		
	固形燃料燃焼（未利用木材）	32 円	
	固形燃料燃焼（一般木材）	24 円	
	固形燃料燃焼（一般廃棄物）	17 円	
	固形燃料燃焼（下水汚泥）		
	固形燃料燃焼（リサイクル木材）	13 円	

（経済産業省資源エネルギー庁ホームページより）

ラントにとどまっています。

55基のうち11基が稼働休止・撤去された背景には、「詳細な売電収入の試算なしに、ハイスペックな発電・売電施設を導入したことによる運転コストの高額化などが失敗をもたらしている」と報告書では分析。配管づまりや凍結、破損などのトラブル対策も必要になり、バイオガスプラントの普及には、プラント建設費の低コスト化と同時に、「地域、農家の現状に見合ったプラントを見立てる機関、管理・運営をサポートする機関の構築」が必要と結論づけています。

(2) バイオガスプラントの建設コストは?

この報告書の作成にもかかわった、北海道バイオマスリサーチ㈱代表取締役の菊池貞雄さんを訪ね、話をうかがいました。

同社は、２００６年、帯広畜産大学の研究者を中心に設立されたベンチャー企業。北海道庁や本社のある帯広市をはじめ、北海道内でもバイオガス先進地といわれる鹿追町、興部町をはじめ、北海道各地のバイオガス利活用に関する調査や新エネルギービジョンの策定などを手がけています。

まず、プラント建設数が減少していることについて聞いてみました。

「確かに、一時減少傾向にありましたが、北海道では昨年（2012年）から再び急増し、昨年は新たに5基、設置されました。さらに、計画されているプラント建設が20基あります」（菊池さん）

これは、固定価格買取制度による追い風の影響が強いようです。それまで、畜産バイオガスによる発電電力の買取価格は、RPS方式で、冬期間の日中が10・2円／キロワット時、夜間は4・5円／キロワット時。平均すると7・5円／キロワット時でした。ところが、固定価格買取制度の施行によって、買取価格は一気に40・95円／キロワット時まで跳ね上がり、しかも20年間固定されたのです（**表1**）。

「90年代の農業政策は、堆肥処理として大型堆肥施設を公共事業で建設することを重視し、バイオガスプラント建設には動きませんでした。それが、01年、地球温暖化防止国際条約でバイオガス活用が取り上げられ、06年には農水省のバイオマスニッポン総合戦略が公表され、政策としてオーソライズされました。これを機に、各地で自治体が動き出しました。十勝地域は、これまでの取り組みにはずみが付いたと思います」と菊池さんは話します。

前述のように、バイオガスプラントの最大の課題は、初期投資の高さといわれますが、飼養頭数から計算すると、発電装置も含めたプラント建設費は、どれくらいなのでしょうか。菊池氏によると、牛250頭規模のプラントの場合、ニュージーランドのあるメーカーのものが1億5000万円程度、日本国内のあるメーカーのものが1億2000万円程度。やはり、酪農家が個人で取り組むには敷居の高い価格です。

しかし、「貯留槽は素掘りにシートを張って5年おきに交換し、発酵槽も10年程度で交換すればいいと考えれば、もっと安くできます。現在、十勝型バイオプラント研究会を立ち上げ検討中ですが、250頭規模のプラントで6000万円程度のコストを目標にしています」と菊池さんは言います。

近年は、家畜糞尿だけでなく牧草など他の有機物も含めた混合発酵システムを導入するケースも登場しています。実は、糞尿よりも、麦桿や牧草などのほうがガス発生量は多いのです。また、BDFのグリセリンを5%添加すると、バイオガスの出力が2倍になるなど、エネルギー効率の向上につながるデータが登場しています。

「ドイツはプラントが8000基もある。日本もニーズが増えればスケールメリットが出るはずです。500基あれば、酪農から排出される糞尿の15%を処理できます」(菊池さん)。

(3) 発電コストだけで計れないトータルメリット

とはいえ、発電コストが1キロワット時当たり30円台後半の畜産バイオガス発電は、エネルギーコストという視点で見れば、他の再生エネルギーに比べて効率が悪いことは否めません。初期投資の大きさから、現時点では「採算がとれない」という声もあります。

「たしかに、バイオガスを単なるメタンガスのカロリーとして考えると手間もかかるし、安くない。しかし、バイオマスエネルギーには、発電単価だけではないメリットがあることを忘れてはいけません。採算がとれないと言うひとは、エネルギーしか見ていない。本当の意味でのトータルなコスト計算ではないと思います」と菊池さんは言います。

第一に、糞尿処理の負担軽減。冒頭でも書いたように、もともと、畜産農家は糞尿処理にコストをかけてきました。堆肥化コストなら、1頭当たり2万円〜3万円。100頭なら200万円〜300万円。バイオガスプラントの導入で、悪臭や硝酸体窒素の環境流出の問題が解決でき、糞尿処理作業の負担も減り、さらに、糞尿処理コストが今より軽減されれば、畜産経営の視点では十分メリットがあるはずです。

さらに、消化液を肥料として利用することで、草地に散布する肥料購入費を削減できます。有機質の液肥として販売することもできます。近年の化学肥料高騰の中、今後、液肥としての価値が高まるかもしれません。

また、地球温暖化防止という意味では、焼却せず発酵させることで、二酸化炭素の発生を抑えることができます。バイオガス事業推進協議会によると、牛の糞尿によるバイオガス発電は、化石燃料よりも1キロワット時当たり0・6キログラムの二酸化炭素削減効果があり、さらに、同1・7キログラムのメタンガスを空中に排出するのを防ぐ計算になるとのことです。

「バイオガスには、農作業軽減と担い手維持という視点が、最初にあった。必ずしも発電を考える必要はないと思います。牛で50頭規模なら、90立方メートルのプラントがあればいい。この規模で売電しようと思えば採算はとれませんが、糞尿処理と、消化液による化学肥料の削減・販売の可能性として考えることができます」と菊池さんは言います。

3　野村牧場のバイオガス発電プラント

（1）自己資金でプラント建設

実際に個人型プラントを所有している農家は、どう考えているでしょうか。釧路市にある野村牧場を訪ねました。

野村牧場は、成牛72頭、乾乳牛、子牛と合わせて約150頭を飼養する酪農場です。牧場主の野村俊充さんは、2006年、すべて自己資本でバイオガスプラントを完成させ、余剰電力の売電を開始。翌07年にはRPS認定を受けました。

「何十年も前から、バイオガスの話は聞いていたのですが、設備投資がかかるので着手しませんでした」と野村さん。かつては素掘り、その後、堆肥化に転換しましたが、農地が道路のそばにあり、悪臭に対するクレームが来ることに悩み、牛舎の建設を請け負ったメーカーに相談したところ、バイオガスを勧められたといいます。しかし、プラント建設のコストは、1頭当たり100万円前後。着手から完成までにかかった費用は、総額7000万円～8000万円だったそうです。

写真1　長い稲わらはプラント詰まりの原因になるため、敷料にはシートを利用

写真2　バンクリーナーで流れてきた糞尿は自動的に原料槽へ

「一気にできる金額ではないので、構想を練ってから4～5年がかりで作ってきました。原料槽、貯留槽を作り、その後、JAの融資を受けて発酵槽を作りました。1頭100万円のコスト。長い目で考えないと採算をとるのは無理ではないかと思います」

野村牧場のプラントは、容量100立方メートルの原料槽、同500立方メートルの発酵槽、同1000立方メートルの貯留槽で構成されています。牛舎のバンクリーナーから排出される糞尿、家庭から出る生ゴミ、余乳、搾乳ラインを洗浄した水などを原料槽に搬入。そこから自動的に定量の原料が発酵槽に投入されます。発酵によって液化した原料は、スクリューポンプで貯留槽に流れ、消化液と沈殿物に分離。消化液の上には、発生したメタンガスがたまっていく仕組みです。

動力となる40キロワットのエンジン発電機は、バイオガス発電で稼働。牛舎から原料槽に糞尿を運搬すれば、あとは、自動制御装置でそれぞれの槽の状態が確認でき、ボタンひとつで発酵をコントロールできます。プラント導入で、悪臭がなくなると同時に、糞尿処理作業が格段に楽になったといいます。

写真3　発酵槽から貯留槽（左）と牛舎（中央奥）を臨む

写真4　発電機

「牛は1頭50～60キログラムの糞をする。そこからガスが2・5立方メートル発生します。100リットルのお湯が沸かせるくらいのエネルギーです。地域によっても材料によってもガスの発生量には差がありますが、エネルギーを発生させ農地保全もできる、将来を考えるとすごい農業。臭いがなくなるのが、本当に一番大きい」と野村さん。

今まで大きな故障はないそうですが、プラントに負担がかからないための工夫もしています。例えば、敷料に稲わらをそのまま使うと、配管詰まりの原因になるため、敷料の代わりにマットを使い、そこに石灰をまいています。「温度管理と攪拌、発酵日数がポイント。発酵は非常に繊細で、ちょっと雨が入っただけでもガスの出方が変わります」（野村さん）。

（2）健康な土を次世代に渡す責務

消化液は、60ヘクタールの牧草地に液肥として使用しています。この液肥の力に、野村さんは驚いたと話します。消化液を散布するようになってから、「牛の食べ方がちがってきた。牛は、はっきり答えを出します」（野村さん）。

牛の病気が減ったため、共済掛け金の基準となる危険段階評価も最高ランクになり、共済掛け金が減ったといいます。牛が健康になったのは、堆肥を散布していた当時よりも土が良くなり、化学肥料も農薬も使わなくなったためだと野村さんは考えています。「化学肥料も農薬も使わない。牛が健康になる。それが最大のメリット」

と話す野村さんは、こう続けます。

「土づくり、草づくり、牛づくりは農業の基本型。土が変われば草が変わり、草が変われば牛が変わり、牛が変われば経営が変わり、経営が変われば地域農業が変わる。これぞまさしく循環型農業だと思います。我が家では、乳牛は家畜ではなく牛乳を生産する従業員だと思うのです。働いてくれる従業員が、毎日、獣医さんだ、手術だ、死んだ……では会社は成り立たない。牛の健康のための基本は、土の健康。そのために糞尿を完全に処理できるバイオガスの利点を活用していくことが必要だと思っています」

バイオガスプラントを導入してから、次男が就農しましたが、「堆肥処理のときは、息子に継げとなかなか言えなかった。牛の病気もあるし臭いもある。バイオガスで糞尿処理という土台をしっかり作るまでが私の役目」と野村さんは話してくれました。

(3) 売電収入は月15~25万円

売電収入は、固定価格買取制度の施行以前は、月4万~5万円だったそうですが、制度施行後は、15万~25万円に増えたそうです。野村牧場の場合、余剰電力だけ販売するRPS方式で、電気使用量の多い夏に売電量が下がりますが、それでも売電収入を15万円程度は確保できているそうです。一方、北海道電力からの電気購入額は月10万円。月5~15万円程度の利益が出ている計算で、これがプラントのメンテナンスにあてられています。

メンテナンスにかかる費用は、月に20万円程度。3年に1回は部品交換に40万~50万円かかるといいます。初期投資を考えると、採算をとるまで時間がかかりそうですが、「糞尿処理の労力が減り、病気も減ったことを考えると、トータルではメリットがあると感じています。課題は初期投資の高さ。それさえクリアできれば牛も土も健康になる。もちろん、農業は答えがひとつじゃない。バイオガスだけでなく、いろいろな方法があると思います」。

4　都市型畜産とバイオガスプラント

バイオガスプラントは、今のところ、酪農王国の北海道が先進地ですが、「本州の酪農家こそ、やるべきではないですか。気温が高くてバイオガスには好環境だし、都市が近い分、悪臭対策も北海道以上に必要ではないですか」と野村さんは言います。北海道バイオマスリサーチ㈱の菊池さんも、その可能性について「都市型酪農では、菜園都市構想が描けるのではないか」と指摘します。

50頭規模の酪農なら、3000立方メートルの家庭菜園に提供する消化液が発生します。消費者が近くにいるからこそできるバイオガスプラントの生かし方があるはずです。

「結局、バイオマスというのは、社会システムなんです。かつては発酵濃度など技術ばかり議論されてきましたが、地域の有機物資源の循環の軸となるプラントとして位置づけて、地域ビジョンを描く〝バイオガスマンダラ〟を作る必要があるのです」（菊池さん）。

2章　木質ペレットで山と農と町をつなぐ

日本に古くから存在するバイオマスエネルギーといえば、薪炭です。今から40～50年程前には、薪や木炭はまだ暖房や調理に用いられていました。薪炭の生産は、生産サイクルの長い林業に短期的な現金収入をもたらし、中山間地域の農村の経済を支えていました。しかし、エネルギー革命により薪炭は化石燃料などに替わり、輸入材増加にともなう国内林業の不振と相まって薪炭の生産と利用は激減しました。

現在、日本の木材の伐採量は1960年代をピークに今はその3分の1以下にまで落ち込み、そのなかで森林の資源量は増え続けています。国内の森林資源がありながら使われていない状態です。また、森林の二酸化炭素吸収の機能を活用するという地球温暖化防止の効果を維持し高めるためには、間伐などを行って森林を良い状態に管理し、間伐された木材をエネルギー利用などに有効に活用することが必要になっています。

農村での再生可能エネルギーの生産を考える時、この身近に豊富にある森林資源から得られる木質バイオマスを活用できないかという発想はすぐに思い浮かびます。

木質バイオマスである薪炭の生産・利用というと、一昔前のものとのイメージになりますが、例えば、再生可能エネルギー利用を政策的に伸ばしているEUの場合、2010年に使われた再生可能エネルギーの49%は木質系バイオマスエネルギーからのもので、多くは木質チップやペレットを暖房・給湯のための熱源に使っています。

ここでは京都市での木質ペレットの生産・利用を例に、古くて新しい木質バイオマスの利用の可能性と課題を考えてみようと思います。

1　木質ペレットとは

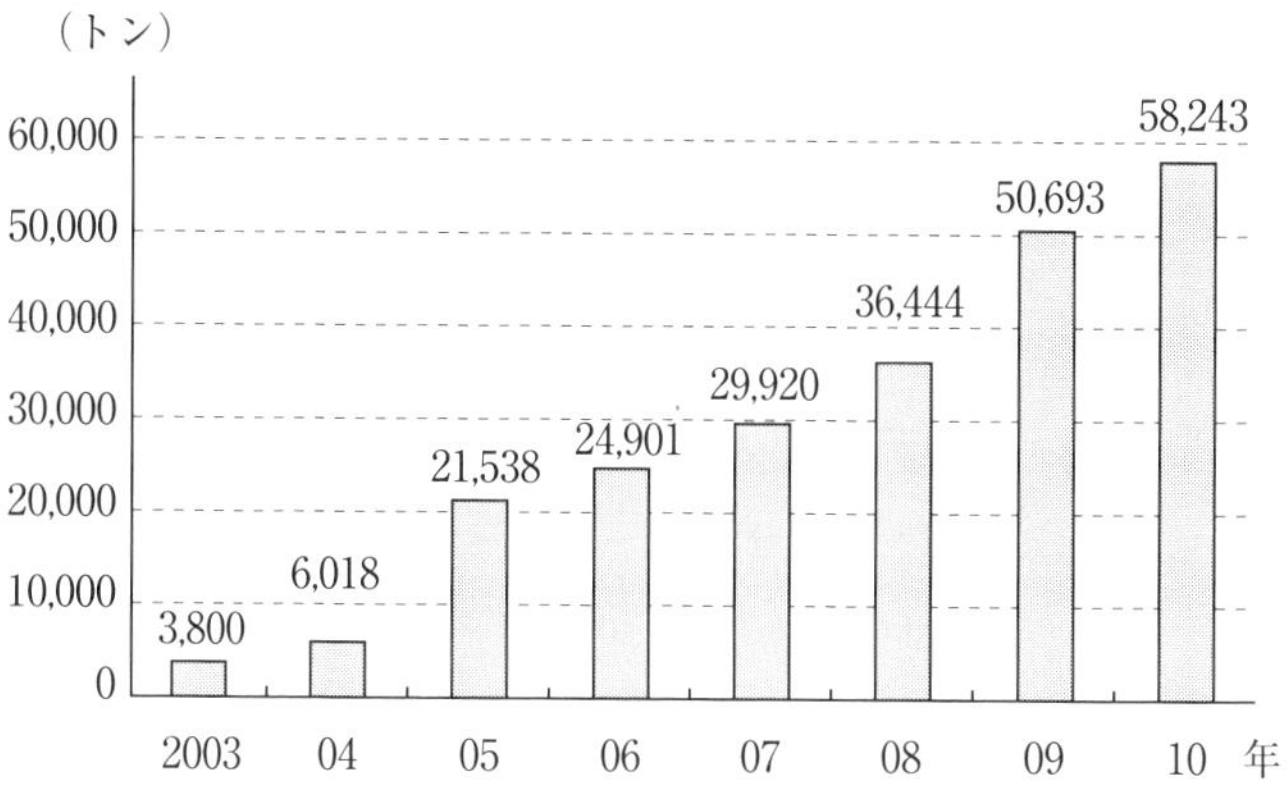

図３　国内の木質ペレットの生産量の推移

(出所：農林水産省（2012）平成23年度森林・林業白書)

木質ペレットは丸太、樹皮、枝葉などや、木材工場から排出する樹皮、おが粉、端材などの残・廃材などの木質バイオマスを原料につくられます。これらの原料を細かい顆粒状に砕き、それを圧縮して棒状に固めて成形したものが木質ペレットです[1]。

木質ペレットは、成分は木材と変わりませんが、木材そのものに比べてペレットに成形するときに原料を凝縮させる分、熱量が大きくなります。木質ペレットは、大きさが均一で、小型の顆粒状なので軽く取り扱いやすい、品質が安定していて燃焼効率が良いといった利点を持っています。また、価格が安定しているので、化石燃料の高騰リスクが回避できることもメリットの１つです。

平成23年度森林・林業白書によれば、国内の木質ペレットの生産量は、２００２年の「バイオマス・ニッポン総合戦略」の策定などが契機となって大幅に増加しています（**図３**）。

電力会社では、石炭に木質ペレットや木質チップを混ぜて発電する取り組みが広がってきています。石炭は、ほとんどを輸入に頼っている上、発電量当たりの二酸化炭素排出量が多いので、木質バイオマスの利用は温室ガス排出の削減になり、国産の木質バイオマスを使えば未利用の森林資源の有効活用にもなります。

一方、ペレットボイラーやペレットストーブの導入に対して助成を行う自治体も林業の盛んな地域を中心に増えてきました。こちらは、木質ペレットを熱エネルギー源として活用するものが多く、地元の森林資源の活用や林業・建設業の振興を意図したものとなっています。

2　京都市での木質ペレットの生産・活用に向けた取り組み

ここで紹介する京都市も、2010年度、市内に年間生産量が3500トンのペレット工場の建設を全額（2億5000万円）助成し、市内産の木材を使った木質ペレット生産に乗り出すとともに、京都市内産の木質ペレットを使ったペレットストーブ、ペレットボイラーの導入に対して、導入費用の3分の1を助成しています。

京都市は、市域の74％が森林であり、北山杉の産地として有名ですが、他の産地と同様、木材価格の減少、国産木材需要の減少のなかで、林業者の高齢化が進み、手入れの遅れている森林が増えています。そのため、2009年度から木質バイオマス活用への支援を始めることにし、木質ペレット工場建設への助成を行うことにしました。

この事業を受託し、木質ペレット工場を営む「森の力京都株式会社」を立ち上げたのが、代表取締役社長の久保和則さんです。

（1）木質ペレットの製造：森の力京都株式会社

①森の力京都株式会社発足の背景

森の力京都株式会社は、京都市右京区の旧京北町にあります。京北町は地域の93％を森林が占め、中世の時代から京都への木材供給地として栄えてきました(2)。また、「北山杉」で知られる磨丸太の産地としても有名です。

写真５　森の力京都の工場と久保さん

久保さんの実家は京都市の京北地域という北山杉の産地で伐採・素材生産を行う「久保林産」と磨丸太の生産・販売を行う「銘木京都屋」を営んでいます。家業の跡継ぎとして、家業の経営が下り坂にある中、自社や地域の林業・製材業が生き残るための1つの選択肢として木質ペレット事業に手を挙げたそうです。

久保さんによれば、北山杉の産地として京都市の材木の80％を生産しているこの地域でも、素材業者は昔の半分に減り、京都市による間伐などへの助成に支えられている所が多いそうです。また、育林家は昔は育てた木の売り上げで自らの生活費を賄うとともに、山へ再投資を行っていましたが、今では販売価格が下がって生活費分しか賄えず、山への再投資が行えず、北山杉自体も衰退しつつあると浮かない顔です。

久保さんの実家の経営も以前は丸太の販売だけで成り立っていましたが、和式建築の減少、バブル崩壊にともなう贅沢品志向の減退により、国産材への需要が減り、経営は厳しくなってきていました。何かしなくては、と考えていた時に、京都市から木質ペレット製造事業をやらないか、と誘われて応じたそうです。京都市は他の木材業者にも声を掛けたが、やると言ったのは久保さんだけだったそうです。

もっと具体的な動機として、木質チップ材の価格が低下しており、チップ材を出荷しても収益が得られないことに対し、木質ペレット製造が対応策になるのではないかと考えました。

伐採・素材生産業者は、育林家から山を買って伐採し、伐採現場で伐採した材木の質の良いものは材木市場へ、質の悪いものは木材チップ製造事業者に出荷します。しかし、チップ業者の買い取り価格がトン3000円〜5000円しかなく、配送にかける労賃や人件費を考えれば、チップ業者に出荷しても赤字となる状態が続いていました。木質ペレット工場を自社で保有することで、木材チップ用材を木質ペレット用材に向けられるという点に魅力を感じたそうです。

②森の力京都の経営

京都市の全額助成で建設された森の力京都の木質ペレット工場は、2009年から稼動しており、2013年は800〜1000トンの木質ペレットの生産量を予定しています。工場では、久保さん以外に従業員が2名います。木質ペレットの需要の拡大に合わせ、生産量は徐々に拡大してきていますが、経営自体はまだ赤字で、「まだ自分の給料が出ない。１３００トン生産するようになればもらえるかな」と久保さん。工場の製造能力自体は、２０００トン程度は作れるそうです。

ちなみに、１トンの材木から５００キログラムの木質ペレットができます（あとの５００キログラムは水分です）。木質ペレットの製造コストは、人件費の徹底的な削減などにより20円台に抑えています。

木質ペレットの材料の供給者は、２０１２年までは「久保林産」だけでしたが、２０１３年からは地域内の他の木材業者から買い入れるようになり、その量が増えてきています。

写真６　森の力京都で生産されている木質ペレット

久保さんによれば、山で伐採した材木のうち、半分は木質ペレット原料用に持ち帰るのだそうです。木質ペレット製造に取り組む前は、そこそこの品質の材木は市場に出荷していましたが、出荷手数料や送料などを考えると今やペレット向けの方が良いということになりました。

また、木質ペレットを買い上げる時の値段は木材チップ業者と同じに設定していますが、他の木材業者にとっては「森の力京都」は同じ地域内にあるので、輸送時間や燃料費を削減することができます。

③木質ペレットの販売

森の力京都が生産したペレットの販売先としては、大口需要者として2軒の温泉施設があります。それぞれの施設に年間200～300トン、合計して400～600トンを販売しています。また、準大口需要者として、学校や病院、農業関連施設の温水ボイラーや冷暖房施設に使われています。冬期間は一般家庭などで設置されている木質ペレットストーブ向けの需要が200～300トン程度加わります。温泉施設や温水ボイラーによる利用は、大口であることに加えて、夏期間中の販路が確保されているという点でも重要です。一方、木質ペレットストーブについては、京都市の助成もあって着実に増えてきており、今では住宅建築を請け負う工務店も無視できないほどになってきているそうです。木質ペレットの需要はこれまで伸びてきており、このまま伸びてほしいと久保さんは期待しています。木質ペレットの販路開拓や知識の普及のために、久保さんも営業活動を行い、工場見学を受け入れ、色々なイベントで木質ペレットストーブを展示するなど、精力的に活動しています。エネルギッシュで若々しい久保さんは、彼自体が京都市の木質ペレット普及の「顔」として、さまざまな機会を捉えて木質ペレットの普及・啓発を行っています。

森の力京都は木質ペレットの配達も行っており、基本は月1回の配達ですが、大口需要者の場合週1回での配達も行っています。ペレットを入れておくサイロの付いたボイラーの場合、フレコンバックを持ち上げられるクレーン付きの車で配送しないと、サイロへのペレット搬入ができないからです。現在の配達先は、京北地域内2カ所、京都市内6カ所となっています。冬場になると、京都市内に15ある木質ペレット販売店にも配送しています。

京都府内では森の力京都以外に建設会社など2～3社が木質ペレットを製造しています。久保さんは、これらの会社と競合はない、競合するしないといった観点で取り組んでいては木質ペレットは拡がらない、と言います。また、輸入ペレットについては、品質が明らかではないからとボイラーやストーブのメーカーが使うことに消極的だそうです。これらのメーカーは安定した品質のペレットが供給され、使われることを望んでいます。

しかし、国産を含めても、木質ペレットはＪＩＳなどの公的な規格が無いことが課題です。一般社団法人日本木質ペレット協会やペレットクラブ（非営利団体）が自主的な規格ガイドラインを提供していますが、木質ペレットが拡がりつつあるなかで、今後はペレットの公的な規格制定やチェック体制が必要になってくると思われます。

④今後の展望と課題

森の力京都を立ち上げ、木質ペレットの製造と普及に奮闘中の久保さんは、将来、木質ペレットを通じて地域の林業や経済に貢献する仕組みができないかと考えています。山を持っている団塊の世代がこれから退職して自分の山に入り手入れをする、その際に出て来た材を持ってきて木質ペレットにし、それで小遣い銭（飲み代）を稼いで地元に落とすような地域内での循環ができないか、と夢を語ります。

一方、懸念材料として、近年の木質バイオマスを使った発電への固定価格制度によって、発電用に大手企業が木材チップを買い集める動きが出てきており、木材チップの相場が上昇傾向にあることがあります。木材チップの相場が上がると、森の力京都へ木材を持ち込む業者が持ち込まなくなるのではないかと久保さんは心配しています。

(2) 農業ボイラーでの木質ペレットの利用

京北地域で農業用に木質ペレットボイラーが使われているのは今現在4軒です。2011年に後述する「上野農園田吾作」が初めて導入し、2012年には、より小さいボイラー2台が2軒の農家で使われるようになりました。この他、京都市の開発野菜種子配布センターにも大型のペレットボイラーが導入されています。京都ではもともと加温して作物を作ることが少なく、農業用ボイラー自体を使う経営が少ないことが、この実績値の背景にあります。

個々の農家で導入されているペレットボイラーは補助暖房的な目的で導入されているため、ボイラー自体は小さく安いのですが、自動化されていなかったりして使いにくいという欠点もあるそうです。久保さんとしては、値段が多少高くても始めに大きい使い勝手の良いものを入れないと、不便さなどが先に目についてしまいペレットボイラーの普及が進まないのではと懸念していました。ちなみにペレットボイラーの価格は、小さいもので40~50万円、大型のボイラーで100万円以上、オートメーション化されている大型ボイラーでは500万円以上します。

木質ペレットを作る森の力京都株式会社から車で10分程度の谷間の集落で木質ペレットボイラーを農業経営に

使っているのが、「上野農園田吾作」を経営する上野秀一さんです。上野さんは、水田15ヘクタール、畑2・5ヘクタール、5棟のハウスを経営し、米、黒豆、白豆、伏見とうがらし、山科トウガラシ、バターナッツ、小豆などを生産し、さらにはフードコーディネーターと組んでジャムやスープなどの加工品を開発し、高級スーパーやレストランや朝市などに販売しています。この谷合いで唯一の大規模な農業の担い手であり、周辺農家の高齢化が進むなかで、水田の作業受託も請け負う上野さんの経営面積は、毎年20アール、30アールと増えてきています。これを、上野さんと5人の従業員で経営しつつ、中山間地域でありながら、京都市への距離の近さも活用した農業経営を意欲的に展開しています。

写真7　上野さんと木質ペレットボイラー

上野さんは、5棟あるハウスのうちの1棟に2年前の2011年に木質ペレットボイラーを入れました。森の力京都社長の久保さんと親しく、「頼まれて」導入したそうです。ボイラーの定価は170万円で、京都市の木質ペレット導入助成金制度（ペレットボイラーの購入額と設置工事費の3分の1を助成）やその他の助成制度により、その80％は助成対象となりました。この最初に導入したボイラーは翌年トラブルが起こり、今年は無料で2台目が入ることになっています。

ボイラーの燃料となる木質ペレットは、森の力京都からキログラム当たり35円で購入しています。森の力京都から近いので、自分で取りに行ったり、ついでの時に運んでもらったりしています。ペレットの使用量は1日60キログラムで、1カ月6万円程度かかります。上野さんは、この木質ペレットボイラーを電気マットで加温しているハウスの補助暖房に使っています。電気代もかなりかかるなかでのペレットボイラーの導入は、まだ試験段階で効果を評価するまでにはなっていないようでしたが、出てきたくん炭をマルチに使って虫除けを行うなど、エコファーマーである上野さんならではの工夫もしていました。

加温したハウスを使って上野さんは、黒豆を乾かし、野菜苗を作るとともに、露地ものよりも早いタイミングでの野菜の出荷を行っています。この地域は冬に結構雪が降るのですが、その間ハウスで農作業ができるので、労働力の活用にもなります。「早めに植えて、露地ものが市場に出回る前に売る」「変わった外国の野菜などを作って売る」といったことができるので「ペレットボイラーによって面白い経営ができる」と上野さん。色々な可能性を試す上野さんの経営は、ペレットボイラー導入でますます多様な方向に発展しようとしています。

(3) 木質ペレットストーブの普及に向けて―株式会社Hｉbanaの活動―

木質ペレットの普及を通じて、再生可能エネルギー利用の推進と林業振興とを両立できないだろうか。京都市で木質ペレットストーブの普及啓発や販売を行っている株式会社Ｈｉｂａｎａを経営する松田直子さんは、そのような発想から木質ペレットストーブの普及啓発に取り組んでいます。

①株式会社Ｈｉｂａｎａの取り組み

株式会社Ｈｉｂａｎａの事務所は、京都の寺町通りの町家の1軒です。ここはＨｉｂａｎａの事務所であるとともに、ヒノコという「木質ペレット」のアンテナショップという2つの性格を持っています。ヒノコは京都林業女子会など林業関連のＮＰＯ法人2～3団体の事務所にもなっています。建物の1階はショールームで、木質ペレットストーブの他、アーティストのデザインによる木製品や、炭、薪などが置かれています。

Ｈｉｂａｎａを経営する松田直子さんは、小さい頃から山が好きだったそうですが、大学では国際協力のサークルに入って熱帯林に関する活動を行いました。大学院時代にはＮＧＯの調査の仕事のために海外の熱帯林に調査に行っていましたが、そこで、なぜ日本の7割は森林なのに、木材の8割も輸入するのか、もっと日本の木材を使えば良いのにと考え、修士論文のテーマに木質バイオマスの推進を選んだそうです。大学院修了後は、環境関連のコンサルティング企業で働く傍ら、林業を振興するためのＮＰＯ活動にも参加していましたが、このＮＰＯ活動を自分の仕事にしようと2006年にＨｉｂａｎａを設立しました。

松田さんが目指すのは、地域の資源を地域で使う、地域の木材を、木として、エネルギーとして使う社会です。松田さん自身も木が大好きなので、持ち物はできるだけ木製のものにし、自宅で使うエネルギーも薪、炭、ペレットだそうです。

Ｈｉｂａｎａが行う主な事業は、木質エネルギーに関するコンサルティングや企画・イベント事業で、顧客は

写真８　京都市寺町通りの株式会社 Hibana/ ヒノコの事務所。外に展示されている大きな豚は木質ペレット用のバーベキューグリル

自治体、研究所、企業（ペレットメーカー、薪、炭焼き、椎茸組合など）です。京都市から木質ペレット普及啓発業務の委託を受けてから事業量が増えたそうです。これらの事業を、パート職員も含めて8人の従業員で取り組んでいます。

また、Ｈｉｂａｎａはペレットストーブや木質ペレットなどの販売も行っていますが、こちらの実績はまだ少なく、松田さんはこれを今後は強化していきたいと考えています。

②京都市における木質ペレットストーブ普及への取り組み状況

木質ペレットストーブは、エアコンのような排気口は必要ですが、煙突はいらないので、町中にある建物でも設置できます。スイッチを押すだけで点火・消火ができますし、木質ペレットが自動的に投入されるようになっているので、薪をくべるといったイメージからはほど遠い、使い易いストーブです。また、木質ペレットストーブを使う場合のペレットの値段は京都市内では10キログラム当たり４５０円で売られています。ペレット1キログラムで約5時間使うことができます。燃料コストは1シーズン１２０００円程度となり、石油ストーブよりも安いランニングコストで使うことができます。

京都市は、木質バイオマス活用への支援策として、木質ペレットストーブを市内で家庭や事務所・店舗用に新規購入した場合に、購入費用と設置工事費の３分の１を助成しています。京都市内産の間伐材などでできた木質ペレットを使うことが補助を受ける条件になります。２００９年度から始まったこの事業の実績をみると、２００９年度が20台、２０１０年度が29台、２０１１年度が43台と順調に伸びてきています[3]。

京都市内産の木質ペレットについては、森の力京都がまだ十分な供給力を持っています。この木質ペレットを京都市内で販売しているのは、４年前はＨｉｂａｎａだけでしたが、Ｈｉｂａｎａが京都市や森の力京都と協力してペレット販売店を増やす努力を続けてきた結果、現在では地元の工務店や建築事務所、薪販売店、ＮＰＯ法人など15事業者まで増えました。

このように木質ペレットストーブの利用者もペレットの供給者も徐々に増えてきていますが、そのなかで現在課題となっているのが、ペレットの販売・配送体制です。ストーブのユーザー側の「ほしい時に配達してほしい」「土日に配達してほしい」といったニーズに応えられるように、もっと販売店を増やし、木質ペレット供給のネットワークを密にしたいと松田さんは考えています。

③木質ペレットストーブ普及のための課題と展望

ヒノコのアンテナショップなどを通じて、消費者に木質ペレットストーブの利点をアピールしている松田さんは、消費者は木製のものには入り易いが、木質エネルギーを受け入れるのはなかなか難しいなと感じています。年配の人は昔の薪炭を扱うのが大変だった経験や、昔の効率の悪いダルマストーブのイメージを抱き続けているし、若い人はそもそも木質エネルギーに接したことが無い人がほとんどです。今、木質エネルギーを楽しめる人はアウトドア派など少数です。消費者の国産や地域産のものを食べるということへの関心は高まってきていますが、エネルギーへの関心はまだまだ、と松田さんは言います。

従って、木質ペレットストーブの普及に必要なのは、まず木質ペレットストーブについて知ってもらうことです。建築事務所や工務店などの住宅施設のプロでさえも、木質ペレットストーブについて知らない場合もあり、ペレットストーブを設置したいと顧客に言われてＨｉｂａｎａに問い合わせに来るのだそうです。

写真９　株式会社 Hibana の松田さん

木質ペレットストーブは、新しい分野であり、法的制度の整備も遅れていることも課題です。木質ペレットについては民間団体が自主規格を作り、国レベルでも規格の統一に向け少しずつ前進していますが、木質ペレットストーブ自体の規格はまだありません。消防

写真10　ヒノコに展示されている木質ペレット用ストーブ。後ろのペレット投入口にペレットを入れておけば、自動的に供給される

署に本来不用な耐火設備の設置を求められたことがあるとか、建築関係者に知識がなくペレットストーブと薪ストーブを同じように扱うことがあるなど、これから制度を整え、知識を拡げなくてはならない分野です。また、ペレットストーブは定期的なメンテナンスが必要です。Ｈｉｂａｎａもメンテナンスのサービスを行っていますが、この分野での人材育成も課題となっています。

一方、木質ペレットを活用した再生可能エネルギーの活用、エネルギーの地産地消、林業の振興という観点でいえば、家庭でのペレットストーブの普及もさることながら、スーパー銭湯や特養老人ホームなどの大口需要者を増やすことがペレット需要にとって重要です。Ｈｉｂａｎａとしても商工会議所にアンケートを行い、木質ペレットボイラーに関心のありそうな事業者に説明に行くなどして、大口需要の発掘に努めているところです。

松田さんの話で特に興味深かったのは、薪ストーブに興味を持つ人は圧倒的に男性が多いのに対し、木質ペレットストーブに関心を持つのは圧倒的に女性が多いということです。ペレットストーブに関心を示す年代は、子供に火をみせたい若い家族と子供が巣立ったあとの年配の層に分かれるそうです。エネルギー事業関係者というと男性が多いのですが、木質ペレットストーブとそれをめぐるエネルギー問題や林業の問題をもっと女性に発信していきたい、と松田さんは今後の方向を語りました。

京都の町家に、ペレットストーブの炎の暖かさはとりわけ似合うと思います。ペレットストーブが京都の冬の寒さを和らげるためにさらに拡がることを願ってやみません。

3　京都市の例にみる木質バイオマス活用の課題と可能性

日本は世界に有数の森林を持ちながらそれが有効活用されていないのが現状であり、木質バイオマスエネルギーは、農村での再生可能エネルギー資源を考える時に必ず検討される選択肢の1つでしょう。

また、木質バイオマスは、昔から身近にあった再生可能エネルギーの代表です。そのため、年配の世代だと、「なんだ薪炭か」とのイメージを抱きそうですが、京都市の事例にみるように、背景にある林業や中山間地域の姿も、用いるストーブや燃料の姿も今と昔とでは全然違うものです。木質バイオマスを活用するのであれば、まずは昔の薪炭のイメージを払拭し、新しいバイオマスエネルギーとして捉えることが大切です。

本章で紹介したのは熱エネルギーとしての木質系バイオマスの利用例ですが、木質ペレット・チップを利用した発電も選択肢として考えられます。また、古くて新しい木質バイオマスエネルギーを拡げるにあたり、制度・規格の構築、関連する研究促進やストーブ、ボイラーの開発などまだこれから環境整備を行う段階にあります。

その上で、地域の農林業の全体、すなわち森林の管理や中山間地域農業の振興、地域の暮らしの向上にどのように取り組むかという見取り図の中に、木質バイオマスエネルギーの生産・利用を位置づけて行く必要があります。

地域の木材業者や建設業者の副収入源としてのペレット製造、久保さんの考える地域の里山管理を維持するための収入源としてのペレット製造、上野さんが取り組むペレットボイラーを活用した中山間地域の農業の高付加価値化、さらには、木質ペレットの配送やボイラー、ストーブの製造・メンテナンスという地域内での新しい事業展開も考えられます。京都市のＨｉｂａｎａの活動は、単に木質ペレットストーブの利点を宣伝しての普及にとどまらず、京都市の林業の現状や振興の必要性を市民に伝える役割を果たしていました。幅広い住民の共感を生むための仕掛けは、どのバイオマスエネルギーの取り組みにおいても必要だと思います。

注

（1）一般社団法人日本木質ペレット協会のウェッブサイトから。

（2）京都市右京区ホームページ（http://www.city.kyoto.lg.jp/ukyo/）より。

（3）京都市平成24年度事務事業評価票より。

参考・引用文献

農政ジャーナリストの会編「バイオマスが拓く農業の可能性」『日本農業の動き１５２』農林統計協会、２００５年
農政ジャーナリストの会編「再生可能エネルギーは農村を変えるか」『日本農業の動き１８０』農林統計協会、２０１３年
農林水産省「平成23年度森林・林業白書」２０１２年

3章　もみ殻ボイラーの持つ可能性

農村のバイオマス資源のなかでも、多くの農業者にとって身近なのが、稲わらともみ殻。このうち稲わらは、土づくりのために水田にすき込んだり、畜産飼料や敷料として利用されており、発生量の9割以上は有効活用されていると見られています。

しかし、一方のもみ殻は、意外に有効利用されていないようです。秋、出張先で電車や車の窓から、ときどき稲刈り後の水田から煙が上がっているのが、見えることがあります。もみ殻の野焼きは、廃棄物処理法でも、例外措置として認められているし、くん炭を作るためにもみ殻を焼いている農家もいるので、一概に「焼却処理」とは言えませんが、近年は周辺住民の苦情も多いようで、公害防止の視点から、多くの市町村が、稲わらやもみ殻の野焼き自粛を呼びかけています。

そのため、引き取り手のないもみ殻は、農業者が経費を払って処理委託するケースも少なくありません。しかし、見方を変えれば、もみ殻は、日本に稲作のある限り、枯渇することなく毎年生まれる副産物。このバイオマスを農業用のエネルギーに利用できないものでしょうか。

そう考えているとき、新潟県のある農業法人で、もみ殻ボイラーに出会いました。もみ殻をそのまま燃料として利用し、施設園芸の加温に利用していたのです。重油価格が高止まりする中、もし、もみ殻をそのまま加温用燃料に使用できれば、生産コストが大幅に下げられます。

もみ殻を燃料として利用するメリットと、実用化に向けた課題はなにか。調べようと思ったのは、このもみ殻ボイラーとの出会いがきっかけでした。

1　もみ殻の発生量と利用状況

（1）全国にこれだけある「もみ殻」という資源

いったい、もみ殻は、どれだけ捨てられ、どれだけ利用されているのでしょうか。NEDO（新エネルギー・産業技術総合開発機構）が、全国市町村別に、もみ殻の賦存量、有効利用可能量を試算しています。「賦存量」とは、実際に計測したわけではなく、稲の生産量から科学的データに基づいて試算した理論上のもみ殻発生量のことです。もみの収穫量に対するもみ殻の重量を2割、水分含有率を13・9％として、乾燥重量を推計したものです。

これによると、全国のもみ殻賦存量は、年間約208万トン。全国の米生産量は年間約850万トンですから、米の生産量の4分の1程度の重量のもみ殻が、毎年発生していることになります。

もちろん、もみ殻の賦存量は、米の生産量によって地域のばらつきがあります。NEDOが作成した賦存量の全国地図を見ると、当然のことながら、米の生産量ベスト3の新潟県、北海道、秋田県が最も多く、他にも、東北、北関東、九州を中心に幅広い地域でもみ殻が発生しています。

（2）もみ殻はどう利用されているのか？

では、これらのもみ殻はどう利用されているのでしょうか。全国ベースのデータを、前出のNEDOが試算しています（**図4**）。

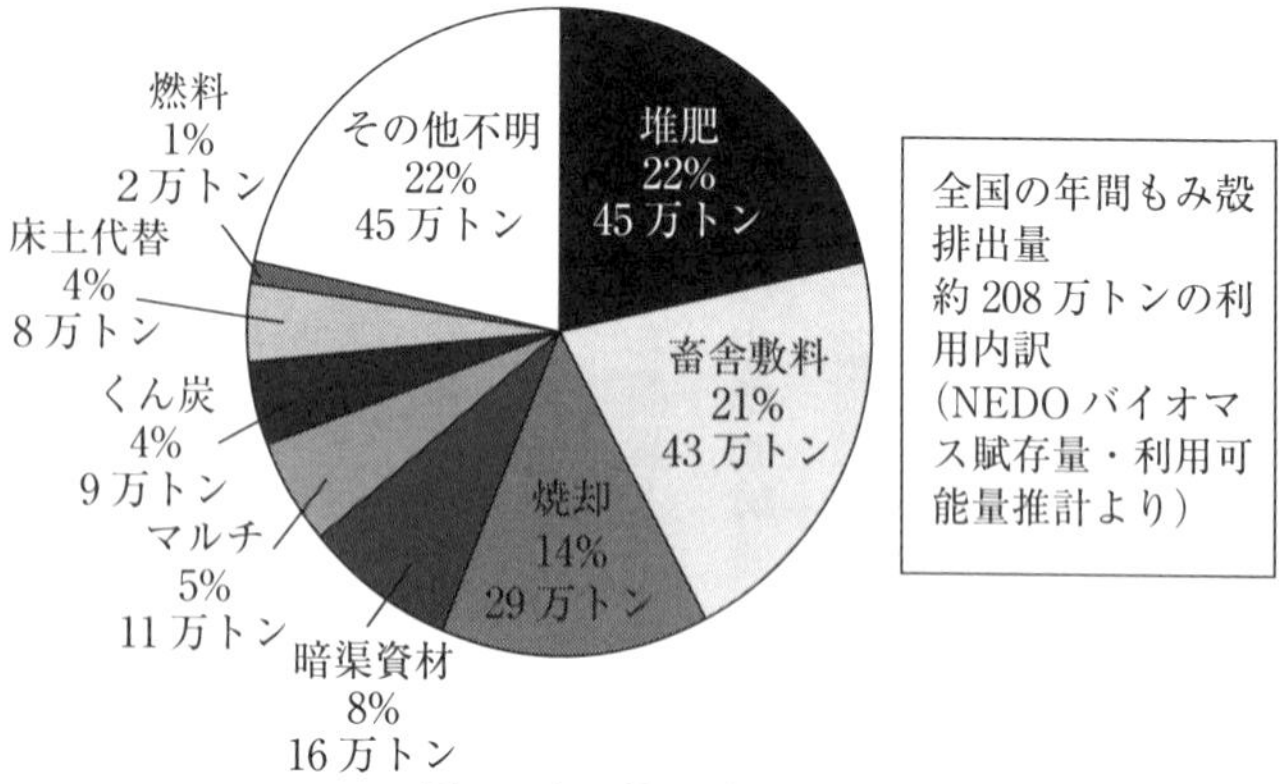

全国の年間もみ殻排出量
約208万トンの利用内訳
（NEDOバイオマス賦存量・利用可能量推計より）

図4　もみ殻の利用状況

最も多いのが、堆肥原料としての利用で、45万トン。次いで、畜舎の敷料としての利用が43万トンと続きます。他にも、暗渠資材、マルチ、床土の代替、くん炭にしての利用などがあり、6割以上は有効利用されているようです。

実際に、複数の農業者に聞いてみると、

「近所の施設園芸農家が持って行ってくれる。堆肥原料になっている」（埼玉県・稲作）

「もみ殻の集荷業者がおり、有償で販売している。近隣の鋳物工場の燃料として利用されている」（埼玉県・稲作）

「県北の稲作農家と柑橘の物々交換。一応、単価は決めており、物々交換で足りない分は現金で支払い、樹園と菜園で使っている。先方は釣りが趣味で、瀬戸内海への釣りついでに2トントラックで（凍結する冬は軽トラで）、輸送費も先方持ちで運んできてくれる」（広島県・柑橘）

など、さまざまな答えが返ってきました。自らの農園での利用だけでなく、地域連携のなかで、排出者から実需者の手元に、もみ殻が提供されているケースも少なくないようです。もみ殻は、堆肥原料として使用する場合、発酵・分解速度が遅いという難点がありますが、ケイ酸含有量が多いため、有効なケイ酸肥料原料として重宝されています。

ただし、すべての地域で、このような連携が成り立っているわけではありません。NEDOの調査でも、208万トンのうち、「焼却」が29万トンと全体の14%、「その他不明」が45万トンと同22%。合計で36%もあります。

もみ殻発生量の多い米産地について、利用状況を具体的に見てみましょう。

まず、米生産量第一位の新潟県。2004年に「バイオマスにいがた構想」を公表し、そのなかで、もみ殻発生量と利用状況についても触れています。これによると、もみ殻賦存量（発生量）は約15万3000トン。うち、くん炭としての利用が3万2000トン、堆肥・有機質肥料原料に約3万トン、家畜敷料に約2万9000トン、暗渠・農地還元に約2万1000トン。全体の約26%にあたる約4万トンが、「未利用」となっています。

北海道の場合、2013年に公表された「米に関する資料」によると、2011年のもみ殻発生量は約13万7000トン。うち、家畜敷料に約25%、堆肥原料に22%、暗渠資材に約19%。くん炭利用に約4%、マルチ・床土に各1%の他は、焼却9%、廃棄約14%となっています。

米生産量全国3位の秋田では、詳細なデータが入手できませんでしたが、2009年に公表された「秋田県バイオエタノール推進戦略」によると、もみ殻賦存量（発生量）は、13万2000トン。カントリーエレベーターなど大規模な乾燥調整施設から排出されるもみ殻の多くは堆肥などに活用されていますが、「新たに利用できる量は、（全体の）45％の5万9000トン」と試算しています。ただし、「この大部分が個別農家から排出され、広く薄く分散して賦存していて、効率的な収集方法が課題」としています。

米の生産量の多い米単作地帯ほど、膨大なもみ殻が排出される一方、施設園芸や畜産農家数は限られるため、堆肥・マルチ原料や家畜敷料、暗渠資材などの現状の利用方法だけでは、地域内での有効利用に限界があるといえそうです。

(3) もみ殻利用のメリット・デメリット

もみ殻の魅力は、なんといってもコストがかからないこと。稲作農家なら無料で手に入るどころか、現在、処理費を払って処分してもらっている稲作農業者もいるので、もし有効利用できれば、「やっかい者」が「孝行者」に変身することになります。

また、もみ殻はカントリーエレベーターやライスセンターなど、米の集荷施設で発生するので、米の集荷がそのままもみ殻集荷につながります。その場で利用できれば、これほど効率のいいシステムはありません。

一方で、短所もたくさんあります。最大の課題は、比重が軽いため、かさばること。米を集荷した場所ではもみ殻を利用できない場合、稲単作地帯から離れた施設園芸産地まで、低コストで運搬できれば問題はないのですが、そうはいかない現実があります。ニーズがあるからと遠距離輸送すると、空気を運んでいるようなもので、ガソリン代ばかりがかかり、採算がとれません。ごく近隣の農業者間で連携ができる場合を除き、資源として広域移動するには、圧縮するなど新たなコストをかけなければならなくなります。実際に、もみ殻を圧縮した固形燃料も登場していますが、農業用に使用するには、「今でもまだ重油代のほうが安く上がる」という声が多く、普及に結びついていません。

ただし、焼却する場合も、重量に対して熱量が低いので、高カロリーの燃料資源にはなりません。バイオマスニッポン総合戦略で、バイオエタノール原料として位置づけられているのは、この熱量の低さが大きな要因かと思われます。

2　バイオマスとしてのもみ殻の注目度

(1) バイオマスニッポンでのもみ殻の位置づけ

「バイオマスニッポン総合戦略」に基づくバイオマス活用推進計画では、もみ殻は稲わらとともに、バイオエタノール原料としての未利用資源として取り上げられています。ところが、穀物などの糖質・デンプン質の植物に比べて、もみ殻や稲わらなど繊維質の多い植物は、低カロリーでバイオエタノール原料として効率が低く、コスト面から実用化には結びついていないのが実情です。

バイオエタノール化するには、現状ではもみ殻圧縮よりも、さらに大きなコストがかかります。このあたりは、コスト重視の農業現場とコストより資源の可能性を追究したい研究分野のズレが大きいといわざるをえません。ちなみに、ＮＥＤＯは、カンボジアやミャンマーで、もみ殻ガス化発電事業を手がけています。技術的には可能なわけですが、日本国内のエネルギー事情のなかでは、実用化はまだ難しいということなのでしょうか。

一方、日本での実用化は、特に重油高騰の２００８年以降、現場では、燃料としての可能性のほうが、重要性が増しつつあります。コストをかけてエタノールやガス化するよりも、まずは、そのまま燃料に使用したほうが、米価が下がり続ける現場にとって、経営にプラスにできるという大きな意味があるからです。

（２）「熱源として燃やす」という単純な利用法

熱源としてのもみ殻利用は、かつての農村では身近なことだったと思います。もみ殻を燃料にご飯を炊く「ぬか釜」は、今も自然体験や農業体験などで愛用されているのを見かけます。ただし、大量のもみ殻をそのまま燃やすと煙と悪臭が出るため、今や、焼却にも煙と悪臭の処理が必要な時代です。

ボイラー燃料としての実用化も、以前から研究は行われてきたようです。もみ殻をそのまま従来のボイラー燃料に使うと、煙が出て臭いが米に付いてしまいます。煙と遮断し、焼却熱だけを熱交換によって活用するボイラーが必要です。

１９８４年には、北海道農業試験場が、札幌市のメーカーの開発したハウス暖房用もみ殻ボイラーの実用試験を行っています。しかし、燃料として使用する場合、肥料成分としては有効なもみ殻のケイ酸含有量の高さがネックになりました。もみ殻は、900度以上の高温で焼却すると、灰が溶融・固化してしまい、焼却炉がすぐに傷んでしまうのです。固化した灰では、ケイ酸も結晶化して水に溶けなくなるため、肥料としての活用もできず、焼却灰の処理も問題になります。

ただし近年は、低温燃焼であれば、ケイ酸が溶けることもなく、灰も、くん炭と同様にケイ酸肥料として利用できることがわかってきました。06年、中央農業総合研究センターでは、新たに開発された燃焼炉による低温燃焼で、高品質もみ殻灰の製造・供給技術が明らかになったと公表しています。

その後、実用化技術が進んだようで、2011年4月には、長野県のJA松本ハイランドが新設した「広域ライスセンター和田」で、国内で初めて、もみ殻の焼却熱を利用する「もみ殻熱風発生システム」を米麦の乾燥施設に導入しました。

農業協同組合新聞（2011年6月16日付）によると、着火の際に石油をわずかに使用するだけで、あとはもみ殻を燃焼させ、熱交換機を通じて、その熱を炉外の空気に移すことで熱風を作り、乾燥機に送る仕組み。熱交換率8割と、非常に高い効率で熱風ができるシステムです。熱交換機を挟むため、煙の臭いが米に付くこともなく、クリーンな熱気だけを乾燥機に送りこむことができます。

もみ殻が集まるライスセンターで、そのまま活用できるという意味で、理想的なシステムです。ただし、ここは米の集荷対象面積約250ヘクタールという大型施設。プラント建設にもそれなりの費用がかかります。乾燥・精米施設を独自に持っている農業者個人や農業法人レベルでも使えるようなシステムがあれば、より広範にもみ殻利用度を上げることができるはずです。

3 「もみ殻ボイラー」に出会う

もみ殻ボイラーを初めて見たのは、新潟県十日町市にある農業生産法人、㈱千手（柄澤和久社長）です。新潟県内では、同社が県内初の導入だったそうです。

旧川西町千手地区にある同社は、機械共同利用を目的とした任意組合としてスタートし、日本農業賞大賞も受賞するなど、優良経営体として高い評価を受けてきました。しかし、組合員の高齢化の中、次代を担う若者を雇用できる組織への脱皮を図り、05年、5つの任意組合を母体に法人化。現在、経営面積約273ヘクタール（うち作業受託面積約194ヘクタール）と、11集落の農地の7割以上を管理しており、米保管庫と精米施設もあります。

十日町市といえば、魚沼産コシヒカリの産地。なかでも、㈱千手のある千手地区の米は、「川西米」と呼ばれるトップクラスのブランドとして知られています。当然、同社の経営の柱は、稲作と稲作業受託です。しかし、法人化後は、周年雇用システムを構築して若者が安心して働けるようにと、2006年、ハウスを新設して施設園芸を導入。複合経営化に着手しました。

現在、長さ約60メートルのハウス4棟で、イチゴを高設栽培しており、その場で直売するほか、JA十日町女性部が経営する直売所「じろばた」や近隣の温泉施設、地元スーパーなどでも販売しています。2013年からは、イチゴ狩りもスタート。イチゴを使ったアイスクリームやジェラートも委託製造しています。稲単作地帯でのイチゴ栽培が珍しいこともあり、地域で高い人気を得ています。

もみ殻ボイラーは、このイチゴハウスに利用されていました。最初に建設した2棟は、ハウスから約100メートルの距離にある千手温泉の廃湯を活用した温水暖房と一般の石油ボイラーを併用するスタイル。高設棚に沿って地下15センチの深さにパイプを這わせ、約40度の廃湯をパイプに通して循環させる方法です。ところが、2011年、イチゴの人気の高まりを受けてハウス2棟を増設。温泉の廃湯だけでは間に合わなくなりました。

そこで、環境負荷が低くコストも安い暖房方法がないかと調べたところ、もみ殻ボイラーに行き着いたというのです。もみ殻を焼却し、焼却熱を熱交換してお湯を作り、温湯暖房する仕組みです。温泉熱利用と同様に、ハウスの地下15センチにパイプを巡らせ、もみ殻の燃焼熱で湧かしたお湯を循環させるシステムで、2013年から導入しました。

写真11　もみ殻ボイラーを導入した農業生産法人の㈱千手

イチゴ栽培を担当している田中稔主査は、「もみ殻ボイラーの導入で、燃料代を6~7割削減できます。目指すは燃料代ゼロ」と話します。導入したもみ殻ボイラーは、発熱量5万キロカロリー/時。㈱千手のライスセンターがすぐそばにあるので、もみ殻の輸送コストもかかりません。

田中さんは、インターネットでもみ殻ボイラーの存在を知り、秋田県で実際にもみ殻ボイラーを使用している農業法人を視察。1月でもハウス内温度を18度に維持し、ホウレンソウを出荷できている様子に、実用性を確信したそうです。調べてみると、2011年に秋田県大仙市の農業法人がもみ殻ボイラーを導入しており、市が導入補助事業を実施していることがわかりました。

4 秋田県大仙市の取り組み

秋田県大仙市を訪れ、農林商工部農林振興課で、主査の田畑睦子さんに、もみ殻ボイラー導入補助事業の経緯を聞きました。

「2011年3月に策定した大仙市農業振興計画の中で、もみ殻ボイラー技術提案をしたのが最初です」と話す田畑さんは、当初、ねらいはふたつあったといいます。ひとつは、もみ殻の焼却防止。もうひとつは、冬期間の野菜生産の推進です。さらに、土壌改良材、融雪剤として、くん炭が利用できるのも魅力的でした。

大仙市は稲わらともみ殻の野外焼却を禁止しており、カントリーエレベーターに集荷される米のもみ殻は、堆肥原料として使用されています。大規模稲作農家から出るもみ殻は、畜産農家の敷料としても活用されています。しかし、中小規模の農家にとって、もみ殻は、厄介者になっています。田畑にすき込んだり、圃場整備の暗渠資材として使用してはいるものの、全体量からすれば、利用量は多くはありません。

一方、大仙市はもともと米単作地帯で、今も農業販売額の約85%が米。積雪量が多く、かねてから、地域農業にとって冬期収入は最大の課題でした。かつては稲作兼業以外、出稼ぎに頼るのが常だった地域です。近年、冬期対策として稲作とシイタケの複合経営は増えましたが、施設園芸野菜の生産は非常に少ないのが現状です。

実は、秋田県でも、加工事業と施設園芸を推進しているのですが、施設園芸の場合、雪国では加温ハウスの燃料費が馬鹿になりません。もし、もみ殻ボイラーの活用によって、もみ殻の処理と同時に施設園芸の拡大ができれば、大仙市の農業も大きく変わるはずです。特に、雇用型の農業法人の場合、周年就労を確保するためにも、冬期の仕事確保は必要条件です。

大仙市では、2010年2月の「バイオマスタウン構想」でも、未利用バイオマスとしてもみ殻と稲わらを取り上げました。この頃には、もみ殻ボイラーの実用性を調査するために、各地の視察を始めています。このとき、施設園芸との複合経営に関心を持つ稲作農業者にも声をかけ、その呼びかけに応えて視察に参加したのが、㈲内小友ファームの代表取締役・小松亥佐夫さんでした。

写真12　㈲内小友ファームの小松さん

最初の視察先は、福島県桑折町。30アールを経営する施設園芸キュウリ生産者が、2008年の石油高騰をきっかけに、2010年、それまで使用していた重油燃料による温水ボイラーと併用して、09年（要確認）に商品化されたばかりのもみ殻ボイラー「ecoボイラーゼロ」（製造元：日本パーク社㈱。本社：福岡県大野城市）を導入し、一部改良して使っていたのです。

福島県の生産者は、12月に定植する1作目のキュウリのハウスを4月中旬まで13度以上に保つため、午前4時から9時までの5時間運転。冬期間は、温水を80度で送り出し、戻ってきた温湯の一部をもみ殻ボイラーで加熱してから石油ボイラーに戻すというシステムです。暖かい日は全く使用しなかったり、もみ殻ボイラーのみの運転で十分な場合もあるそうです。もみ殻ボイラーの出力は、2万キロカロリー／時。1時間当たり5～6キログラムのもみ殻を燃やして得られる熱量です。

このときの大仙市の調査報告によると、「重油燃料費削減については金額的にはそれほどでもないが、くん炭を堆肥として自家利用できることはメリットであり、投資に対して見合うだけの効果は感じているとのこと」となっています。ちなみに、農業共済新聞（2011年1月4週号）によると、午前4時から9時まで5時間の運転で、通常の石油ボイラーでは約35リットル消費するうち、3～5リットルは節約できているようです。

他にも、秋田県内の八郎潟で、冬場のドジョウの池にパイプを通し、もみ殻ボイラーで温めた温湯での地温・水温の上昇、タラの芽栽培の地温上昇など、県内で20カ所以上で使用されていることがわかりました。このボイラーは、農業用に限らず、温湯によりお風呂の給湯や家屋の床暖房などにも使用できるよう設計されている機器で、実際に自宅の床暖房に使用しているケースもありました。

この機器の魅力は、煙突や排煙ファン、サイクロン集塵機などの付属品も含めて80万円程度という価格であること。もみ殻が供給タンクから自動供給されるため、夜に供給タンクを満杯にしておけば、約8時間は燃焼がとぎれることがありません。これなら、大規模農家でなくとも導入が可能です。ただし、2万キロカロリー／時という熱量は、施設園芸の加温には力不足が否めず、その後、日本パーク社㈱が新たに出力5万キロカロリー／時の製品を開発したのをはじめ、金子農機㈱のエアー・ケイ（出力3万キロカロリー／時）など、さまざまなメーカーが開発に乗り出しています。

大仙市では、もみ殻ボイラー導入支援にあたって、1俵60キログラムの玄米から出るもみ殻を15キログラムと設定。もみ殻1トンの体積を10立方メートルとして、10アール当たり10俵収穫できる水田を想定し、2万キロカロリー／時、5万キロカロリー／時それぞれの機器を導入したときのもみ殻消費量を試算しています。

●2万キロカロリー時の場合の燃料消費量

① 床暖房の場合（1日8時間稼動）

6kg／ha×8ha＝約50kg

50kg＝0・5㎥＝3・3a分のもみ殻

11月～3月まで使用の場合、7・5t＝75㎥＝5ha分のもみ殻

② 野菜栽培などで昼夜を通して使用する場合

6kg／ha×24時間＝約150kg

150kg＝1・5㎥＝10a分のもみ殻

11月～3月使用の場合、22・5t＝225㎥＝15ha分のもみ殻

●5万キロカロリー／時の場合の燃料消費量

① 1日8時間稼働の場合
12kg／ha×8ha＝約100kg
100kg＝1㎥＝6・7a分のもみ殻
11月～3月使用の場合、15t＝150㎥＝10ha分のもみ殻

② 野菜栽培などで昼夜をして使用する場合
112kg／ha×24時間＝約300kg
300kg＝3㎥＝20a分のもみ殻
11月～3月使用の場合、45t＝450㎥＝30ha分のもみ殻

この試算をもとに、同市では、2011年11月から、もみ殻ボイラー導入に対して、本体価格の2分の1を補助する市単独事業をスタートしました。この事業を活用した第1号が、視察にも同行した㈲内小友ファームです。日本パーク社製の5万キロカロリー／時のエコボイラー導入を決め、同時に、野菜栽培用ハウスを新設しました。もみ殻ボイラーの本体価格は約1600万円。うち約80万円の補助を受けました。

同社は、2004年に法人化し、現在では利用権設定面積65ヘクタールとなっています。2006年には秋田県農林水産大賞を受賞しました。現在、構成員5人、社員14人、パート5人を抱える会社に成長しています。もともと稲作中心でしたが、2010年から複合経営化を図り、野菜とシイタケ栽培に着手。11年には直売所も始

め、「冬期は野菜が不足するため、野菜を量産するためにも、もみ殻ボイラーを活用した施設栽培に踏み切ろうと考えました」と、代表取締役の小松亥佐夫さん。

こちらは、㈱千手とちがって高設栽培ではなく、ホウレンソウなどの葉ものを栽培しているので、耕起するときトラクターと接触する危険を避け、地下30センチに温湯用パイプを敷設しています。小松さんは、「今まではもみ殻を堆肥にしていましたが、量が多くもてあましていたため、牛の敷料や暗渠資材に無償提供していました。もみ殻ボイラーの導入で、燃料費が無料で、冬期でもハウス温度が15～20度まで上がるので、いろいろなことができます」と導入の効果を実感しているようです。生成されるくん炭は、融雪剤として使用する他、直売所でも販売。リンゴの産地だけに果樹農家からのニーズが高いそうです。

ちなみに、㈱日本パーク社製の5万キロカロリー／時のもみ殻ボイラーを導入したのは、㈲内小友ファームが全国初。そのため、実際に運用してみると、煙突からススが出るなど、当初はさまざまな不具合もあったそうです。今は改良され、「今後は普及段階に入るのではないか」と小松さんは予想しています。

5　もみ殻ボイラー普及の可能性と懸念

2013年度には、同県横手市でももみ殻ボイラー等設置補助事業を始めるなど、今後、普及する気配があります。ただし、先陣を切った大仙市では、課題も感じているようです。

「2012年度は2件分の予算をとったのですが、申請は1件。毎年、1件程度の導入にとどまっています」

と農林振興課でもみ殻ボイラー助成事業を担当している熊谷信彦主査。その理由はどこにあるのでしょうか。

まず、前提として、もみ殻の輸送コストをかけることなく利用できなければ、コスト削減につながりません。大規模稲作農家・法人であるか、あるいは、ライスセンターが近いなど地理条件がなければ、利用が難しい資源です。また、施設園芸を大規模にできるだけのもみ殻を確保できるかどうかも課題になります。

さらに、かさばるもみ殻を保管できるだけのスペースが必要なこと。次に、大容量のもみ殻タンクや、くん炭排出などの設備投資をしなければ、タンクにもみ殻をこまめに投入したり、焼却後のくん炭を取り出したりする手間が必要で、くん炭の保管場所も確保しなければなりません。

近年は、熱量の安定性を重視した、灯油ともみ殻のハイブリッド型ボイラーも登場していますが、こちらは、本体価格にサイロなど付属品を付けると約４５０万円。個別農家が購入に踏み切るには、勇気のいる価格です。

しかし、この技術は、まだ始まったばかり。前出・田畑主査は、こう期待しています。

「ニーズが増えれば機械コストも下がるはず。化石燃料が高騰する中、重油ボイラーを使っている農業者の中には、燃料コストから規模縮小しているひともいます。せっかくある資源を生かすにこしたことはありません」

おわりに

この調査は、農村や個々の農家が取り組む再生可能エネルギーの生産・利用にはどのようなものがあるだろう、農村が単に土地を提供し、作ったエネルギーは都市に運ばれるだけ、というのではない取り組みとはどういうものだろう、という視点で始めたものです。

本書が紹介しているバイオマスを原料とする再生可能エネルギーの生産・利用の取り組みは、農山村自体が元から持っている「使われていない資源」を活用して再生可能エネルギーを生産・利用しています。どの取り組みでも、エネルギー生産によって、農林業に対して未利用資源の活用やエネルギーの提供が行われるだけではなく、副次的な効果も取り入れ、それを今後の経営の発展や地域の農林業の発展に繋げようとしています。

再生可能エネルギーというと電気事業に偏りがちですし、また、2012年に電力事業における固定価格買取制度が始まってからは、企業によるメガソーラー発電、メガ風力発電プラントの建設などに注目が集まっていますが、本書で紹介した取り組みが示すように、農村での再生可能エネルギーの取り組みはもっと多様ですし、農業・林業の中にシステムとして組み込むことで、さまざまな効果を期待することができます。エネルギー生産事業だけを取り出して評価するのではなく、農業・林業全体のなかで評価すると、農村のエネルギーの生産・使用には大きな可能性が見えてくるのではないか。調査をしながら感じたことです。

農村で作り・使うことのできる再生エネルギーについては、本書で紹介したバイオマス原料のエネルギー以外にも、小水力発電や太陽光、風力などがあります。また、本書では、個々の農家・企業の取り組みを中心に紹介しましたが、集落や地域で再生可能エネルギーの生産・利用に取り組む例もあります。農村が取り組むエネルギーの地産地消を、今後さらに調査していくつもりです。

【著者略歴】

榊田 みどり ［さかきだ みどり］序章、1章、3章

〔略歴〕
農業ジャーナリスト・立教大学兼任講師。1960年、秋田県生まれ。
東京大学大学院総合文化研究科修士課程修了。学術修士
〔主要著書〕
『安ければ、それでいいのか?!』コモンズ（2001年）共著、『雪印100株運動』創森社（2004年）共著、『誰でも持っている一粒の種』武田ランダムハウスジャパン（2009年）共著

和泉 真理 ［いずみ まり］2章、おわりに

〔略歴〕
一般社団法人JC総研客員研究員。1960年、東京都生まれ。
東北大学農学部卒業。英国オックスフォード大学修士課程修了。
〔主要著書〕
『食料消費の変動分析』農山漁村文化協会（2010年）共著、『農業の新人革命』農山漁村文化協会（2012年）共著、『英国の農業環境政策と生物多様性』筑波書房（2013年）共著。

JC総研ブックレット No.2

再生可能エネルギー
農村における生産・活用の可能性をさぐる

2014年3月4日　第1版第1刷発行

著　者 ◆ 榊田みどり・和泉 真理
監修者 ◆ 鈴木 宣弘
発行人 ◆ 鶴見 治彦
発行所 ◆ 筑波書房
東京都新宿区神楽坂2-19 銀鈴会館 〒162-0825
☎03-3267-8599
郵便振替 00150-3-39715
http://www.tsukuba-shobo.co.jp

定価は表紙に表示してあります。
印刷・製本 = 平河工業社
ISBN978-4-8119-0433-7　C0036

「ＪＣ総研ブックレット」刊行のことば

筑波書房は、人類が遺した文化を、出版という活動を通して後世に伝え、人類がそれを享受することを願って活動しております。１９７９年４月の創立以来、このような信条のもとに食料、環境、生活など農業にかかわる書籍の出版に心がけて参りました。

20世紀は、戦争や恐慌など不幸な事態が繰り返されましたが、60億人を超える世界の人々のうち8億人以上が、飢餓の状況におかれていることも人類の課題となっています。筑波書房はこうした課題に正面から立ち向います。

グローバル化する現代社会は、強者と弱者の格差がいっそう拡大し、不平等をさらに広めています。食料、農業、そして地域の問題も容易に解決できないことが山積みです。そうした意味から弊社は、従来の農業書を中心としながらも、さらに生活文化の発展に欠かせない諸問題をブックレットというかたちで、わかりやすく、読者が手にとりやすい価格で刊行することと致しました。

この「ＪＣ総研ブックレットシリーズ」もその一環として、位置づけるものです。

課題解決をめざし、本シリーズが永きにわたり続くよう、読者、筆者、関係者のご理解とご支援を心からお願い申し上げます。

２０１４年2月

筑波書房

JC総研［JC そうけん］

JC（Japan-Cooperative の略）総研は、JA グループを中心に 4 つの研究機関が統合したシンクタンク（2013 年 4 月「社団法人 JC 総研」から「一般社団法人 JC 総研」へ移行）。JA 団体の他、漁協・森林組合・生協など協同組合が主要な構成員。

（URL：http://www.jc-so-ken.or.jp）